小跳豆 Jumping Bean

健康常識系列 1

消失吧！肺炎與流感

新雅文化事業有限公司
www.sunya.com.hk

小跳豆健康常識系列 ①

消失吧！肺炎與流感

作　　者：新雅編輯室
繪　　圖：郝敏棋、張思婷
顧　　問：許嫣
責任編輯：潘曉華
美術設計：張思婷
出　　版：新雅文化事業有限公司
香港英皇道 499 號北角工業大廈 18 樓
電話：(852) 2138 7998
傳真：(852) 2597 4003
網址：http://www.sunya.com.hk
電郵：marketing@sunya.com.hk
發　　行：香港聯合書刊物流有限公司
香港荃灣德士古道 220-248 號荃灣工業中心 16 樓
電話：(852) 2150 2100
傳真：(852) 2407 3062
電郵：info@suplogistics.com.hk
印　　刷：中華商務彩色印刷有限公司
香港新界大埔汀麗路 36 號
版　　次：二〇二二年五月初版

ISBN: 978-962-08-8056-8

18/F, North Point Industrial Building, 499 King's Road, Hong Kong
Published in Hong Kong, China
Printed in China

目錄

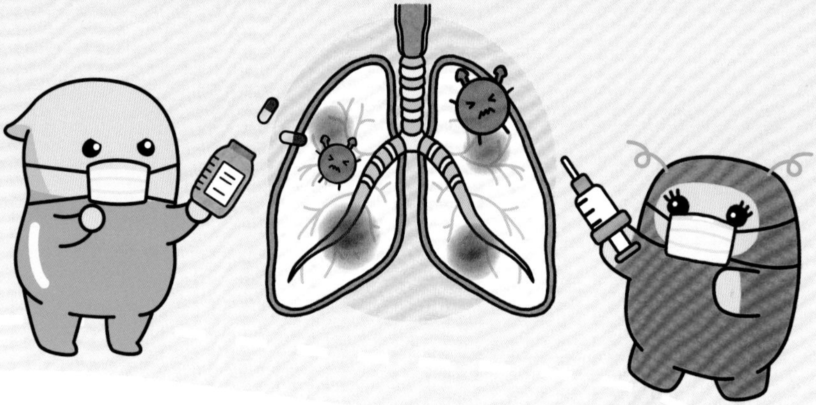

豆豆小故事：身體健康最重要 4

認識疾病

什麼是肺炎？...................................... 6

什麼是流感？...................................... 8

肺炎和流感有什麼症狀？....................10

肺炎和流感有哪些傳播途徑？............12

做個抗疫小公民

勤洗手，保持個人清潔 14

戴口罩，阻隔飛沫傳染 16

接種疫苗，提升防禦力 18

減少社交接觸，護己護人 19

充實在家抗疫的生活

天天運動，保持健康 20

注意營養，增強抵抗力 21

善用時間，規劃日程表 22

清潔家居，你我都做到 23

不能缺少的遊戲時間 24

保持心理健康很重要 25

關心自己和身邊的人

不幸染疫怎麼辦？...............................26

不一樣的社交活動 28

家長小錦囊 30

豆豆好友團日程表 31

豆豆小故事

身體健康最重要

1
糖糖豆，今天來我家玩吧。
好啊，小紅豆。

糖糖豆和小紅豆是一對好同學，也是好朋友。她們常常一起學習，一起玩耍。可是……

2
大豬用草搭了一間屋……
小紅豆……

有一天，小紅豆沒有上學，原來她患了流感。接下來幾天，小紅豆還是沒有回學校，糖糖豆很擔心。

茄子老師想到一個好主意。她請同學們畫心意卡送給小紅豆，祝她早日康復，然後把卡交給小紅豆媽媽。

4
我收到心意卡了，謝謝你們。
你康復了，我們很高興啊！

一星期後，小紅豆完全康復，健健康康，回到學校跟同學們上課了！

什麼是肺炎？

小朋友，肺部的主要功用是呼吸。空氣從鼻子進入我們的身體，然後來到肺部。肺部一邊將血液裏的二氧化碳排出體外，一邊將吸入空氣中的氧氣注入血液，再經心臟輸送給各個細胞。

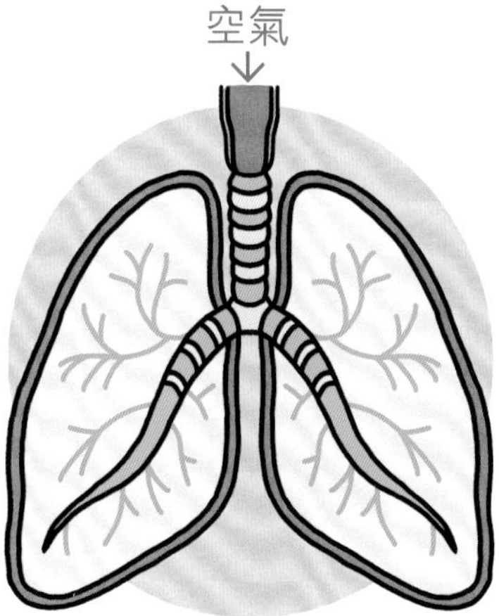

肺部一旦受到細菌、病毒等感染，造成肺炎，肺部功能就會受損。

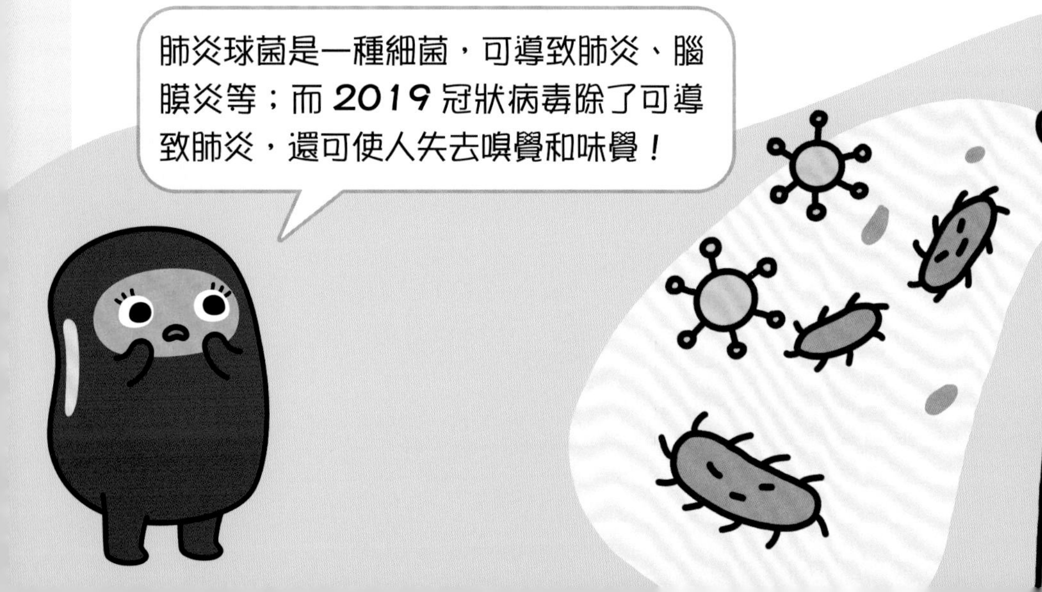

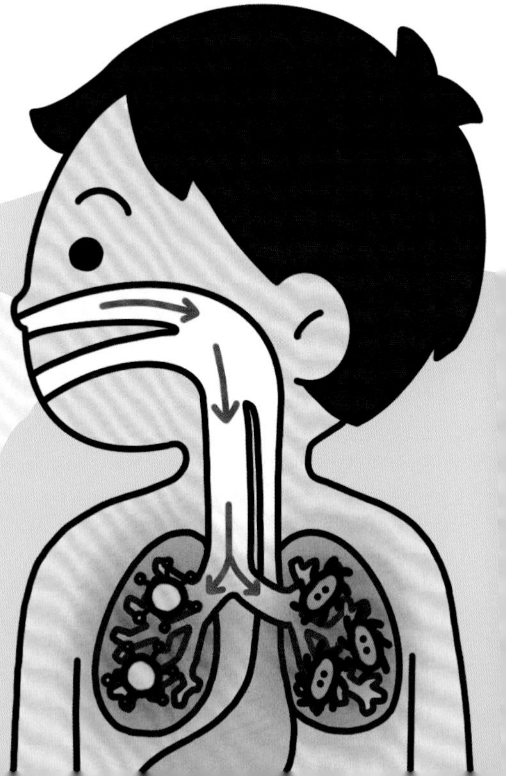

肺炎球菌和 2019 冠狀病毒是如何入侵身體的？就讓我跳跳豆告訴你吧！

肺炎球菌

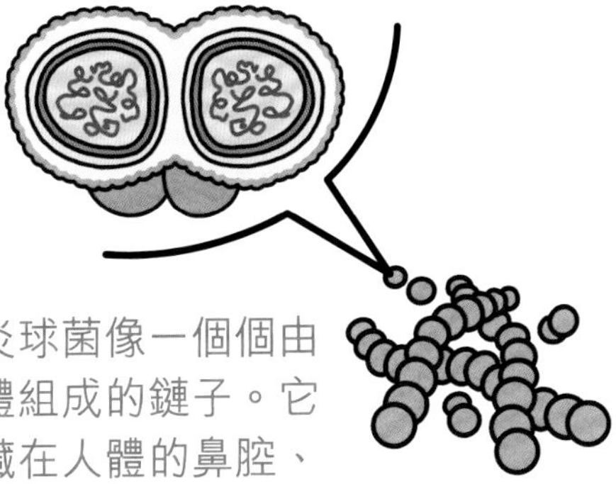

當人們抵抗力轉差時，
我就會……嘿嘿……

肺炎球菌像一個個由球體組成的鏈子。它會藏在人體的鼻腔、咽喉內，靜候時機展開攻擊！

2019 冠狀病毒

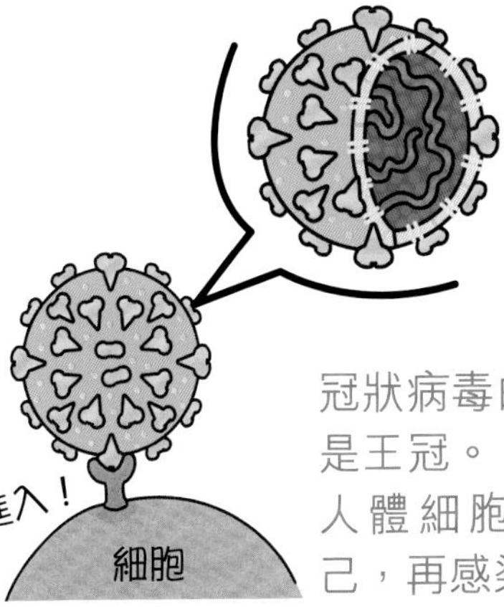

冠狀病毒的凸起部分就像是王冠。「王冠」會進入人體細胞，不斷複製自己，再感染其他細胞。

小朋友，細菌和病毒都會使我們生病，但它們是有分別的。

	細菌	病毒
體積	極小，有些要在顯微鏡下放大 300 倍才看到。	比細菌小 100 倍！
繁殖	能夠自我繁殖。	必須寄生在人類、動物等宿主的細胞，以不斷複製自己。
性質	有好細菌，例如促進腸道健康的乳酸菌。也有壞細菌，例如肺炎球菌。	有好病毒，例如噬菌體是攻擊細菌的病毒。也有壞病毒，例如 2019 冠狀病毒。

什麼是流感？

流感全名是「流行性感冒」，由流感病毒引起。在香港，流感一般於 1、2 月（冬季），和 7、8 月（夏季）較為流行。流感病毒有不同種類，不但可以感染人類，動物也會患流感呢。

動物患上流感的話，也會影響人類呢！若是接觸了染病的禽鳥或豬隻，或接觸到牠們的糞便，或受病毒污染的環境（例如街市），人類都有可能患上禽流感或人類豬型流感。

病毒變種對我們有什麼影響呢？原來人類對新型病毒的防禦力極低，容易引致重症和高死亡率！

哈哈，我是
皮皮豆！

變種病毒是病毒在自我複製過程中發生突變的結果。

哎呀！我怎麼
變了樣子？

複製越多，受感染的人或動物越多，發生突變的機率越高。

嗚哇！我不要做
變種皮皮豆！

導致病毒更容易繁殖、傳播速度更快！

小朋友，流感和普通感冒的症狀很相似，但它們不是完全相同的。

	流感	普通感冒（俗稱傷風）
症狀	通常較嚴重，包括喉嚨痛、頭痛、發燒 3-4 天、肌肉痛、流鼻涕、咳嗽、嘔吐、腹瀉。	通常較輕微，包括流鼻涕、打噴嚏、喉嚨痛。幼兒通常還會發燒，通常為 1-3 天。
併發症	例如心肌炎、肺炎、腦膜炎。	例如中耳炎、肺炎。

肺炎和流感有什麼症狀？

肺炎和流感的症狀十分相似，需要看醫生或進行檢測才能夠分辨。下面各項都是患上肺炎和流感時可能出現的症狀，但有兩項是2019冠狀病毒病所獨有的，請在該兩項的◯內塗上紅色，其他的則塗上藍色。

◯ 發燒

◯ 頭痛

◯ 嘔吐

◯ 咳嗽

◯ 失去嗅覺

◯ 失去味覺

◯ 流鼻涕

◯ 喉嚨痛

◯ 肌肉痛

◯ 腹瀉

我是火火豆，身體強壯，很少生病。不過有些 2019 冠狀病毒病患者是沒有症狀的，如果懷疑染病就要去看醫生。

答案：失去嗅覺、失去味覺

認識疾病

肺炎和流感有哪些傳播途徑？

肺炎和流感可以透過患者咳嗽、打噴嚏或說話時產生的飛沫、觸摸到受感染的物件來傳播。下圖中，哪些小朋友最容易受到感染呢？請圈起來。

在車上，有人沒有掩口打噴嚏

玩耍時，接觸到沾有患者鼻水的東西

小朋友，受感染的人未必即時發病，而是有潛伏期。流感的潛伏期大概是 1 天至 4 天。

小朋友，你會像我脆脆豆一樣，看到新奇的東西時會忍不住摸嗎？提提你，接觸公共物件後，不要觸摸口鼻或眼睛，以免把細菌和病毒帶進身體啊！

在商店內，有人沒有掩口咳嗽

探病時，接觸到沾有患者唾液的東西

而 2019 冠狀病毒病的潛伏期則大概是 1 天至 14 天。

答案：全部都是

勤洗手，保持個人清潔

我們雙手經常接觸很多東西，容易沾上細菌和病毒，需要勤洗手來保持清潔。下面是正確的洗手步驟，用肥皂揉搓雙手時，你可以唱《生日歌》，唱完兩遍後，時間剛剛好！

1

用水弄濕雙手

2

使用肥皂或潔手液，揉搓雙手最少 20 秒

3

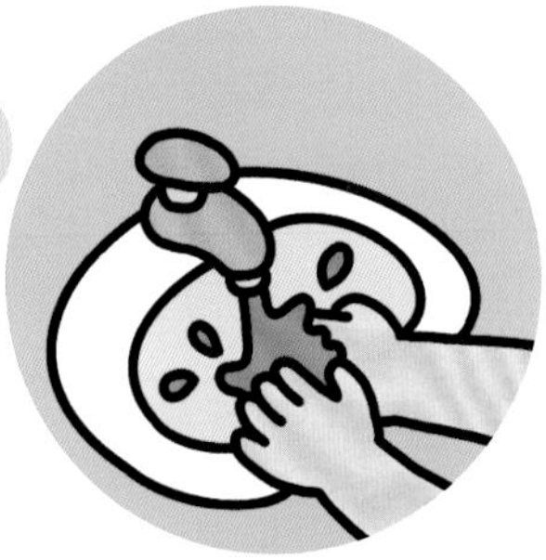

用水沖洗乾淨

4

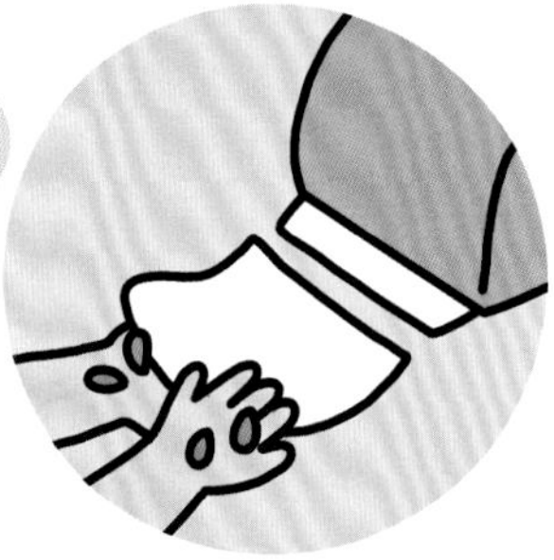

用抹手紙抹乾雙手

5

用抹手紙關上水龍頭

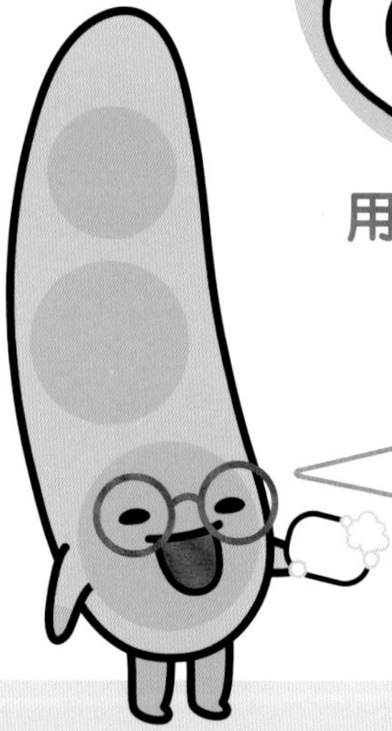

為什麼要用水和肥皂洗手？問我博學多才的博士豆就對了！我們的手上有油脂，細菌和病毒會黏在上面，肥皂能夠帶走油脂，然後用水把油脂連同細菌和病毒沖走。

小朋友，你知道什麼時候要洗手嗎？
請在 □ 內加 ✔。

□ 進食前

□ 上廁所後

□ 咳嗽或打噴嚏後

□ 觸摸病人後

□ 觸摸公共物件後

□ 觸摸眼睛、鼻子或嘴巴前

答案：全部都是

戴口罩，阻隔飛沫傳染

在我們患上呼吸道疾病或是疫症流行期間，需要佩戴外科口罩，以阻隔飛沫和一些空氣中的細菌、病毒粒子。為什麼口罩能夠阻隔細菌和病毒？來看看它每層的用途吧！

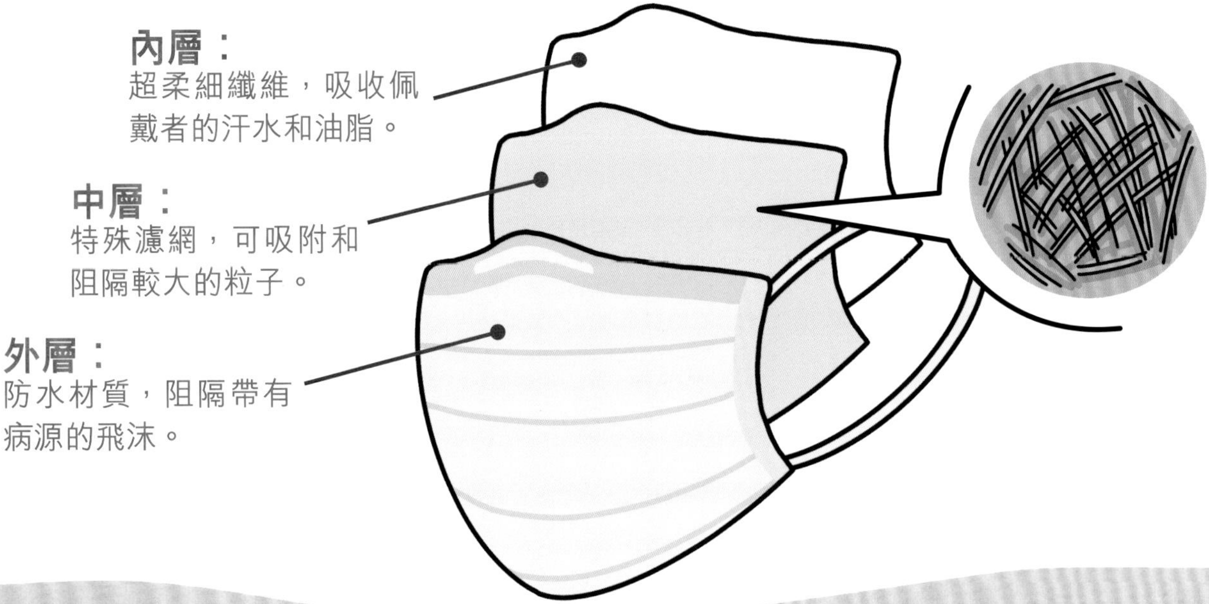

內層：
超柔細纖維，吸收佩戴者的汗水和油脂。
中層：
特殊濾網，可吸附和阻隔較大的粒子。
外層：
防水材質，阻隔帶有病源的飛沫。

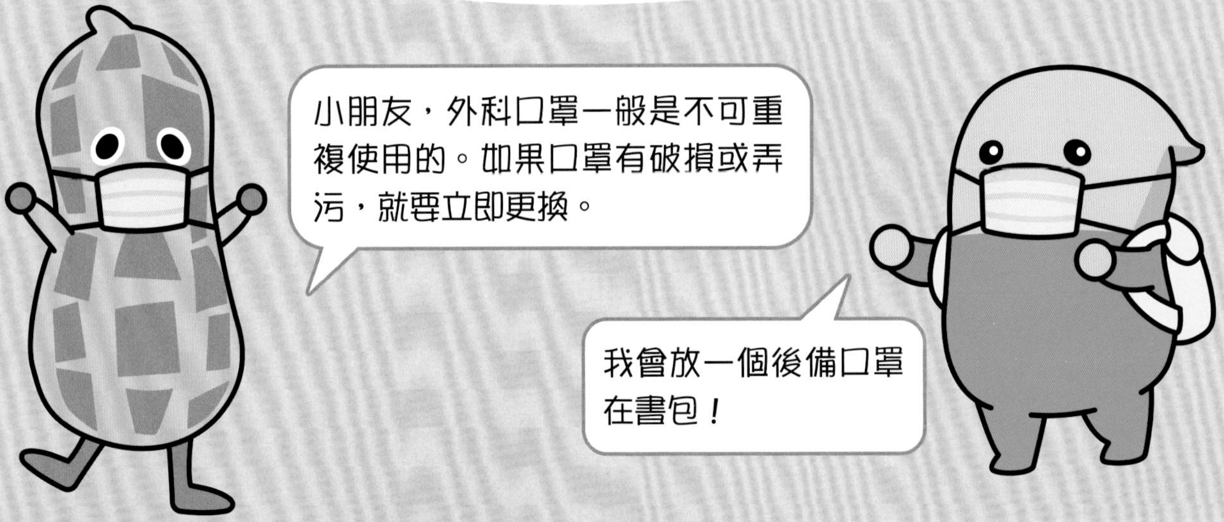

小朋友，外科口罩一般是不可重複使用的。如果口罩有破損或弄污，就要立即更換。
我會放一個後備口罩在書包！

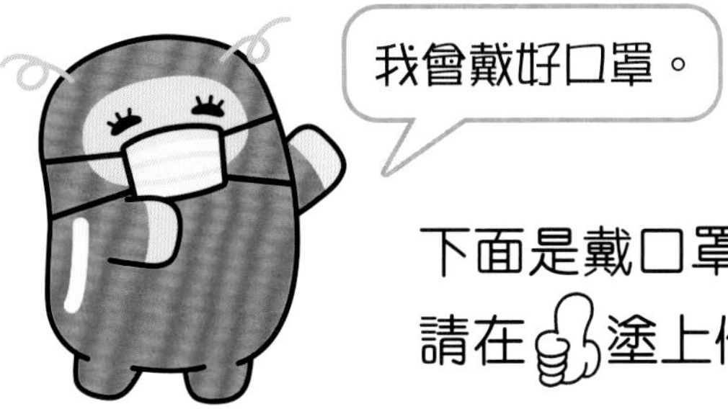

下面是戴口罩的正確次序，小朋友，你做得到嗎？做得到的，請在👍塗上你喜歡的顏色。

洗 清潔雙手。

看 分辨清楚口罩上下和前後。有顏色或摺紋朝下的一面向外，有金屬條的一邊向上。

拉 拉開口罩，完全覆蓋口、鼻和下巴。

按 按壓金屬條，使它緊貼鼻樑兩側。

調 若是口罩不夠貼面，可以將口罩繩在耳後打結。

密 照一照鏡子，確保口罩佩戴正確。

接種疫苗，提升防禦力

為什麼沒有生病也要打針呢？原來是要將疫苗注射到我們身體內，提升對某些疾病的防禦力。

注射疫苗是將可誘發免疫系統產生抗體的物質注入我們的身體。

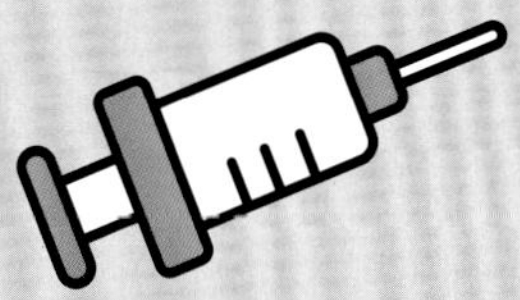

體內的免疫系統發現到入侵者，就會生出抗體展開攻擊，還會記住它，若它再次入侵，將可以更快地消滅它。

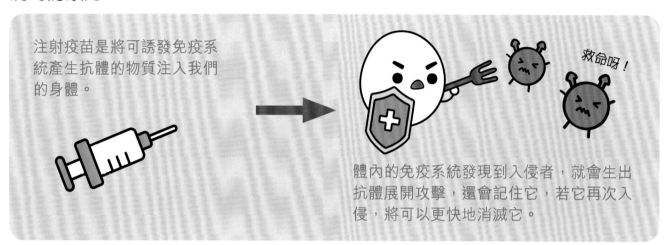

小朋友，打針就像給螞蟻咬了一口，不會很痛的。
真的不是很痛呢！
打針前後都要多喝水，多休息，還要注意自己的身體狀況，如果不舒服就要告訴爸爸媽媽。

畫我哈哈豆的笑臉吧！

減少社交接觸，護己護人

疫症爆發時，我們都要遵守社交距離，以減低受感染或傳染別人的機會。下面的人都做到減少社交接觸，請在◯給他們畫一個笑臉，感謝他們同心協力，讓大家早日除下口罩，再現笑容。

避免握手，改為揮手打招呼。

1米

保持至少 1 米社交距離。

避免聚會，改用其他方式聯絡。

減少外出，留家抗疫。

天天運動，保持健康

在疫症爆發期間，我們應減少外出。即使留家抗疫，也要堅持天天鍛煉身體啊！請跟着下面的童詩內容做體操吧！

體操歌

大家一起做體操！
拍拍手，跺跺腳。
向下蹲後往上跳！
點點頭，扭扭腰。
大家跟我一起叫：
「常做體操身體好！」

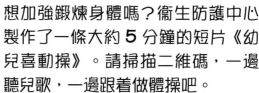

想加強鍛煉身體嗎？衞生防護中心製作了一條大約 5 分鐘的短片《幼兒喜動操》。請掃描二維碼，一邊聽兒歌，一邊跟着做體操吧。

注意營養，增強抵抗力

有些食物可以增強我們的抵抗力。請帶領下面兩位小朋友穿過迷宮，看看他們在途中取得的食物富含哪種營養吧！

含豐富維他命 C 的食物，有助抵抗細菌和病毒，例如：奇異果、橙、燈籠椒、西蘭花、木瓜。

含豐富蛋白質的食物，有助免疫系統正常運作，例如：魚、肉、豆腐 、蛋、牛奶。

我是胖胖豆，最喜歡吃東西，不過有助身體吸收鈣質的維他命 D，需要曬太陽才能攝取。如果不能外出，可以把窗戶開大些直接曬太陽。

善用時間，規劃日程表

下面是一個小朋友在家抗疫的日程表，請根據鐘面所示寫出時間。

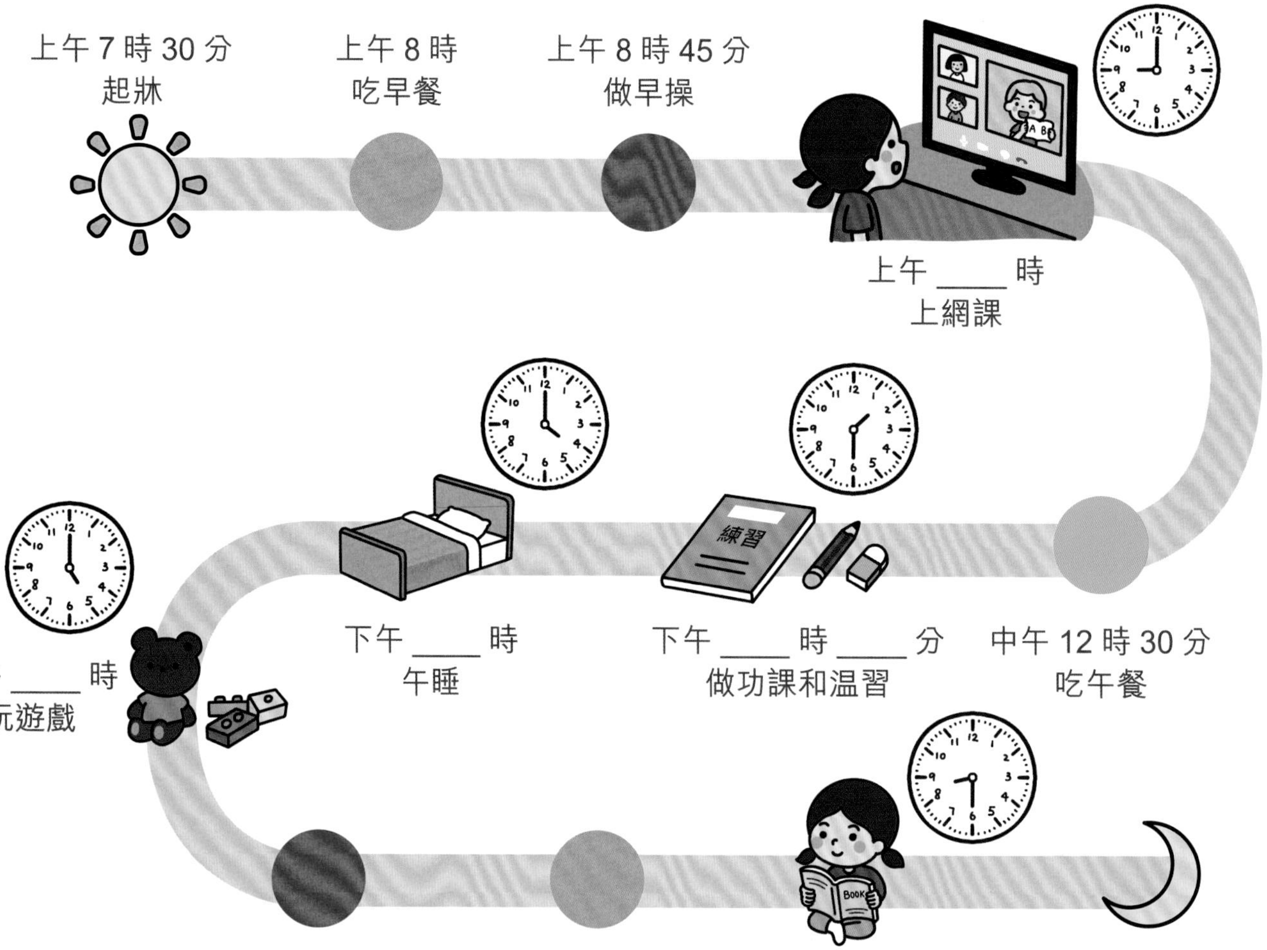

上午 7 時 30 分
起牀

上午 8 時
吃早餐

上午 8 時 45 分
做早操

上午 ____ 時
上網課

中午 12 時 30 分
吃午餐

下午 ____ 時 ____ 分
做功課和温習

下午 ____ 時
午睡

下午 ____ 時
玩遊戲

晚上 6 時 30 分
吃晚餐

晚上 8 時
洗澡

晚上 ____ 時 ____ 分
閱讀

晚上 9 時
睡覺

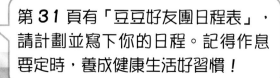

第 31 頁有「豆豆好友團日程表」，請計劃並寫下你的日程。記得作息要定時，養成健康生活好習慣！

答案：上午9時、下午1時30分、下午4時、下午5時、晚上8時30分

清潔家居，你我都做到

家中每位成員都應該合力保持家居清潔，趕走細菌和病毒。下面的家居清潔小任務，你能做到嗎？做得到的，請在☆塗上你喜歡的顏色吧！

☆ 蓋好廁板再沖廁，避免污水濺出。

☆ 將垃圾棄置在垃圾桶內。

☆ 清潔玩具

☆ 外出回家後，儘快換掉衣物。

不能缺少的遊戲時間

留家抗疫的生活也可以多姿多彩。看看下面有益身心的玩樂好主意吧！

動手做趣味小實驗

1. 用白板筆在玻璃碗內畫圖案。

2. 將碗微微傾斜，然後注水入碗中傾斜的一側。水不能淹過圖案。

3. 待筆跡乾掉，慢慢放平碗，圖案開始從碗中剝落。

圖案完全漂浮在水面。用手指攪動碗中的水，魚會跟着動起來！

鍛煉大肌肉遊戲

與家人一起玩全身運動，例如用身體玩「石頭、剪子、布」。

我最喜歡玩，衞生防護中心提供了很多親子遊戲，掃描右面二維碼看看吧！

保持心理健康很重要

焦慮不安的時候怎麼辦？試試下面有助平復心情的方法吧。

當我們感到焦慮不安時，通過專注的練習，留意呼吸，就可以回復平靜。

1. 從左手大拇指的外側開始，吸氣時右手食指向上畫到指尖。呼氣時，慢慢地從指尖沿着另一邊向下畫。
2. 繼續吸氣和呼氣，食指上下沿着各手指共畫五次，一直畫到手掌的另一邊。

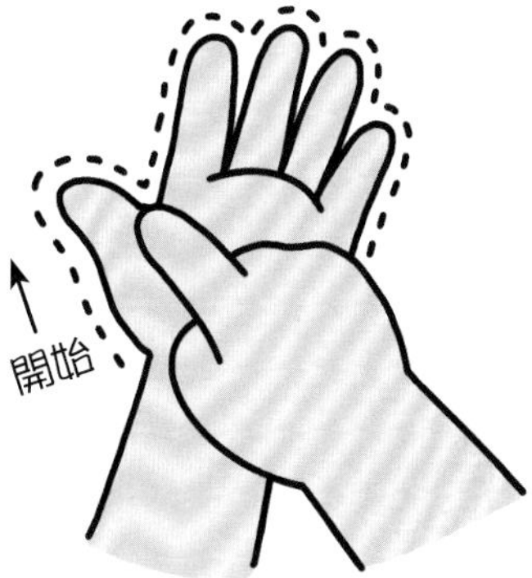

遇上困難時，更要好好愛自己，並將愛傳遞，讓大家都得到愛和支持的力量。

1. 坐直，張開手臂，稍微抬頭，然後吸氣。心裏想着所有愛你的人，感受被愛。
2. 呼氣，手臂交叉，懷着被愛的感覺擁抱自己。收緊下巴，眼睛朝下，你可以自己決定要不要閉上眼睛。

除了以上方法外，大家也可以跟我力力豆一樣栽種植物，感受奇妙的生命力，也有助紓緩情緒呢。

不幸染疫怎麼辦？

萬一不幸染疫也別太擔心，跟着下面的做法，加上平日飲食均衡和鍛煉身體，很快便可以回復健康了。

1

感到身體不適時，要馬上告訴大人。

2

去看醫生，讓醫生診症。

3

如果症狀輕微，而且在居住環境許可下，醫生可能建議你在家隔離直至康復。
如果病情嚴重，你可能需要入住醫院接受治療。

無論是留在家還是留在醫院，
都要按時吃藥。

保持樂觀正面的態度，
對病情也有幫助。

還要有充足休息、均衡飲食，
和做一些簡單的伸展運動。

康復後，就可以回復正常生活了。

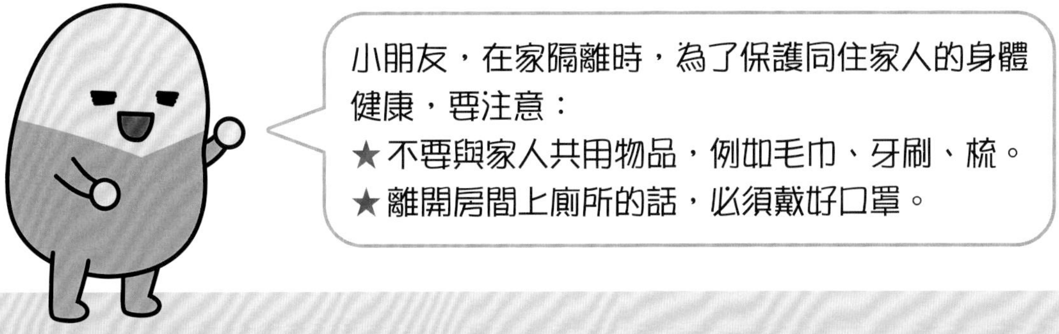

小朋友，在家隔離時，為了保護同住家人的身體健康，要注意：
★不要與家人共用物品，例如毛巾、牙刷、梳。
★離開房間上廁所的話，必須戴好口罩。

不一樣的社交活動

疫情肆虐下，我們要減少外出，跟親戚朋友見面的機會大大減少了。雖然不能面對面，但還是可以用其他方法跟別人聯絡，以表示關心的。

打電話

爺爺，你身體好嗎？我很掛念你。
乖孫女，爺爺身體很好。

用視像通話

張明樂，李天朗，你們在做什麼呀？
我剛剛看完卡通片。
媽媽給我做了甜品呢。

寫心意卡

表姐生病了，我要給她畫一張卡，祝她早日康復。

還有什麼方法，不用面對面也可以與人溝通呢？

小朋友，你有沒有一個很想見，但目前又見不到面的人呢？請你設計一張心意卡畫在下面的空白位置，完成後，你可以請大人拍下來，然後傳給對方。

親愛的 ________________（收卡人的名字）：

________________（你的名字）上

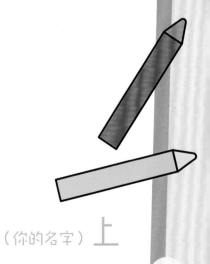

家長小錦囊

1. 幼兒可以使用酒精搓手液嗎？

盡量使用肥皂或潔手液清潔雙手，酒精搓手液只在外出應急時使用。要殺滅細菌和病毒，酒精濃度最好多於 70%。首選含有潤膚成分（例如甘油）的酒精搓手液，避免含有香料、防腐劑。使用後亦應為幼兒塗抹潤膚乳，以免引起皮膚敏感。

2. 酒精是萬能消毒劑嗎？

酒精對腸病毒、引起上呼吸道感染的腺病毒等，未必有效。最好的方法還是勤洗手、使用 1:99 稀釋家用漂白水進行清潔、每星期一次在排水口倒入半公升清水，以防止病毒傳播。

3. 何時接種預防肺炎和季節性流感的疫苗？

肺炎球菌疫苗在幼兒一歲前已可接種，而 2019 冠狀病毒病疫苗目前可讓三歲或以上兒童接種。至於季節性流感疫苗則會每年根據流行的病毒株而更新，又因疫苗建立的免疫力會隨時間降低，所以每年都要再次接種。由於產生抗體需時，所以最好在流感季節開始前至少兩星期接種。

疫苗資訊會不時更新，詳情可掃描右面二維碼瀏覽衞生防護中心的資料。

4. 如果孩子不幸染病，需要在家隔離，家長要做些什麼？

照顧病童：記錄病童病徵開始的日期和時間。定時留意他的體溫（發燒是指超過 37.5°C）、注意進食量及大小便次數和量、有否增加的症狀和病情有沒有惡化。

居家安排：照顧者盡量和病童留在一個房間，不要與其他家人接觸。如果環境許可，可安排病童專用洗手間，否則家中各人的衞生用品應隨身拿走，不用時不要放在洗手間內。此外，也要為病童準備個人食具和衞生用品。

家居清潔：除了清潔家居外，病童使用過的物件也要用 1:49 稀釋家用漂白水清潔。

5. 什麼時候要馬上送孩子去急症室？

一旦發現病童持續高燒、抽筋、神智模糊、呼吸困難、嘴唇發紫、喝水和進食困難等，就要馬上召救護車送院。

豆豆好友團
日程表（一）

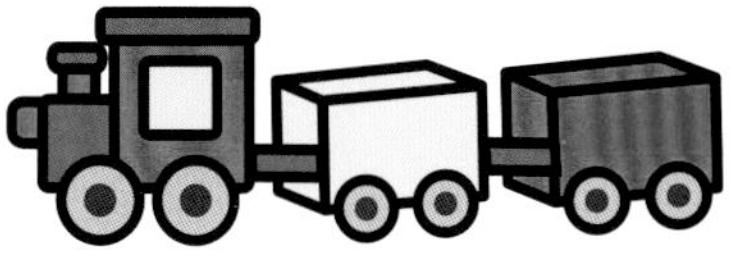

姓名：__________________

時間	日程

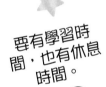

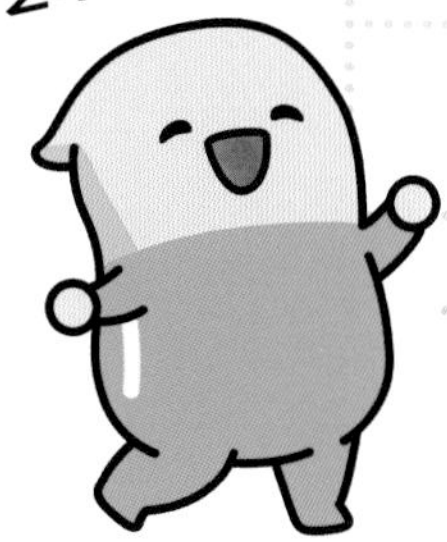
一天有
24 小時。

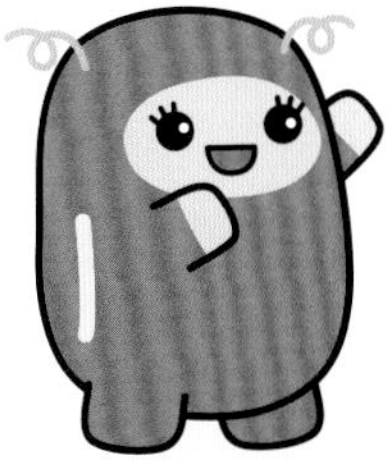

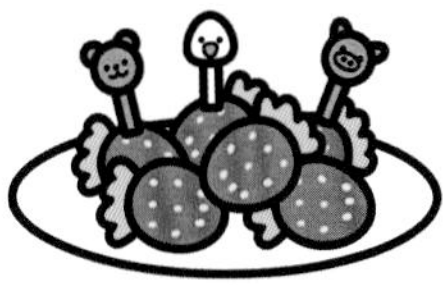

練習

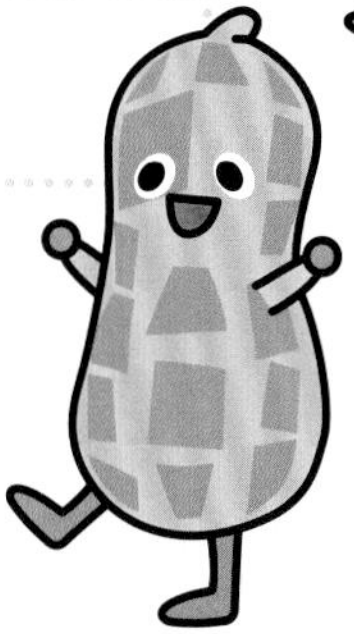

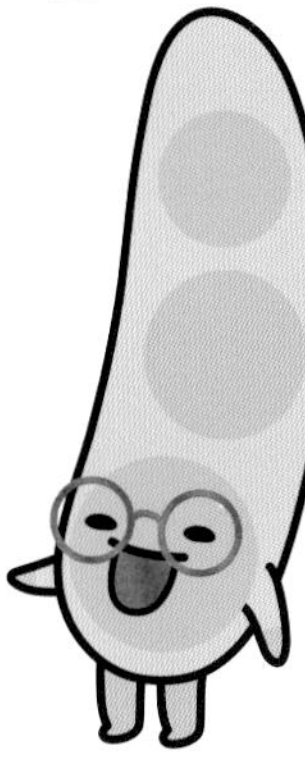
要有學習時
間，也有休息
時間。

豆豆好友團
日程表（二）

姓名：________________

星期一	
星期二	
星期三	
星期四	
星期五	
星期六	
星期日